BIG IDEAS
超级脑洞

海洋世界大冒险

〔英〕克莱尔·希伯特　　〔英〕威廉·波特

〔英〕马克·鲍威尔 著

〔加〕卢克·赛甘－马吉 绘　唐子涵 译

U0257405

云南出版集团　晨光出版社

图书在版编目（CIP）数据

海洋世界大冒险 /（英）克莱尔·希伯特，（英）威廉·波特，（英）马克·鲍威尔著；（加）卢克·赛甘－马吉绘；唐子涵译．— 昆明：晨光出版社，2023.5
（超级脑洞）
ISBN 978-7-5715-1586-7

Ⅰ.①海… Ⅱ.①克… ②威… ③马… ④卢… ⑤唐… Ⅲ.①海洋生物－儿童读物 Ⅳ.① Q178.53-49

中国版本图书馆 CIP 数据核字（2022）第 110698 号

著作权合同登记号 图字：23-2022-024 号

CHAOJI NAODONG
HAIYANGSHIJIE DAMAOXIAN

BIG IDEAS
超级脑洞
海洋世界大冒险

〔英〕克莱尔·希伯特　〔英〕威廉·波特　〔英〕马克·鲍威尔 著
〔加〕卢克·赛甘－马吉绘　唐子涵 译

出　版　人　杨旭恒

项目策划　禹田文化
执行策划　孙淑婧　韩青宁
责任编辑　李　政
版权编辑　张静怡
项目编辑　张文燕
装帧设计　张　然

出　　版　云南出版集团 晨光出版社
地　　址　昆明市环城西路 609 号新闻出版大楼
邮　　编　650034
发行电话　（010）88356856　88356858
印　　刷　华睿林（天津）印刷有限公司
经　　销　各地新华书店
版　　次　2023 年 5 月第 1 版
印　　次　2023 年 5 月第 1 次印刷
开　　本　145mm×210mm 32 开
印　　张　4
ＩＳＢＮ　978-7-5715-1586-7
字　　数　70 千
定　　价　25.00 元

退换声明：若有印刷质量问题，请及时和销售部门（010-88356856）联系退换。

目录

准备好进入海洋世界了吗？

现在，请拉上你的潜水服拉链，绑上你的氧气筒，潜入神秘幽暗的海底世界，去偶遇那些神奇的生物吧！

在那里，你会遇到地球上有史以来最大的生物、游得飞快的鲨鱼、可以分泌毒液的水母以及暴脾气的甲壳类动物等。在数千米深处的幽暗深海，你还可能会遇到长满尖牙的、好多眼睛的等更多生活在那里的神奇生物！

酷酷的鲸

什么是鲸?

鲸是一种水生哺乳动物,主要分为两类:齿鲸,如抹香鲸、独角鲸、海豚;须鲸,如蓝鲸、露脊鲸和弓头鲸。

你知道吗?

蓝鲸体形巨大,动脉也非常粗,婴儿甚至可以在它们粗粗的动脉里爬行。

世界上最大的动物是什么?

世界上已知的最大动物是蓝鲸,它比人类目前已知的任何一种恐龙都要大。迄今为止,人类发现的最大的蓝鲸身长约33米,这个长度相当于9辆家用小汽车首尾相连的长度!

蓝鲸有多重？

目前已知的世界上最大的蓝鲸体重可达 180 余吨。这相当于 20 多头大象的重量，300 多头牛的重量，或者 3000 多个成年男子的体重总和。

蓝鲸的舌头有多重？

蓝鲸舌头的重量相当于一头大象的重量。

你知道吗？

一头蓝鲸的幼鲸每天要喝超过 400 升的母乳。

蓝鲸的心跳速度是多少？

蓝鲸的心脏平均每分钟跳动 8~10 次，而正常人的心脏平均每分钟跳动 60~100 次。

鲸潜水可以潜多深？

抹香鲸可以潜到海底 2000 多米的深度。

鲸怎么看自己身后的东西？

实际上鲸的眼球不能转动，如果它想看到身后的东西，就必须调转整个身体。

鲸皮肤上的硬壳是什么？

鲸行动非常缓慢，所以经常会有藤壶附着到它们身上，看起来就像一堆硬壳。鲸可以轻轻松松地携带多达 450 多千克的藤壶游动！

鲸的声音可以传多远？

研究人员使用水中听音器可以确定鲸发出声音的准确位置，从而探测到这些声音能够在海洋中传播多远。美国康奈尔大学的研究显示，鲸的声音可以传播超过 3000 千米。

虎鲸如何捕获鲨鱼？

众所周知，虎鲸攻击鲨鱼的方式多种多样，其中一种方法是它会像鱼雷一样将自己迅速射向猎物的腹部，将其撞翻。鲨鱼的肚皮一旦向上翻起就会进入短暂的休克，从而沦为虎鲸的大餐。

有不长牙齿的鲸吗？

有。没有牙齿的鲸被称为须鲸。我们平常所熟知的蓝鲸、座头鲸、露脊鲸和灰鲸都属于须鲸。虽然没有牙齿，但它们长有像长毛一样的鲸须，通过鲸须从水中"过滤"食物。

为什么鲸会被困在海滩上？

据科学家统计，每年都有成千上万的海洋动物被困到世界各地的海滩上，这种现象被称为搁浅。搁浅的鲸鱼可能受生病、受伤、衰老、脱离队伍、无法进食等因素影响，随着水流漂到了海滩上；又或者是它们捕食猎物时用力过猛，不小心把自己"发射"上岸；还有可能是受沿海地形和潮差等因素影响，导致鲸鱼无法辨别位置。

海豚是鲸吗？

鲸主要分为两种：没有牙齿的须鲸和有牙齿的齿鲸。海豚属于齿鲸。齿鲸还包括抹香鲸和白鲸等。此外，虎鲸被称为"逆戟鲸"，属于海豚的一种。

海豚有多少种？

目前，动物学家们尚且无法就此问题达成一个确切的数字，不过目前能确定已有 30 多种海豚。之所以会出现这种现象，一个原因是并非所有人都认可某些物种是海豚，另一个原因是有些海豚种类十分稀有，而且正在濒临灭绝。

海豚能长多长呢?

　　海豚是一种小到中等体型的鲸类,体长约 1.2~9.5 米。其中港湾属海豚体型最小,在整个北半球凉爽的沿海水域中都能看到港湾鼠海豚的身影。

你知道吗?

　　如果海豚失去了尾巴,科学家们可以给海豚装上一条人造橡胶尾鳍,尾鳍所用材料与一级方程式汽车轮胎相同。事实证明,人造橡胶尾鳍也可以像真正的尾巴那样让海豚灵活地活动!

哪些动物吃海豚?

　　海豚是鲨鱼的食物之一。许多海豚身上都有被鲨鱼咬伤的伤疤,不过这也说明这些海豚成功从鲨鱼口中逃走了。虎鲸也吃海豚,即使它们同属于海豚科。

海豚有多少颗牙齿？

海豚长着宽大的锥形牙齿，这样的牙齿让它们更方便抓住光滑的猎物。一般来说，海豚上颌和下颌各有将近 100 颗牙齿。小海豚长到 5 周大的时候，牙齿就开始生长了。

海豚是如何找到猎物的？

海豚能在水中发出尖锐的"咔哒"声，这种"咔哒"声遇到猎物会将回声反弹给海豚，这个过程叫作"回声定位"。当海豚接收到回声时，它们可以通过分析这个声音传回的信息，在脑海中勾勒出对猎物的详细描绘，这些描绘可以帮助海豚分辨出猎物的确切外形和距离。

为什么海豚头上有"瓜"?

大多数海豚的头部特征很显著，有隆起的前额，这些前额又被称为"额隆"，其实额隆内是一个脂肪器官，这是它们身体内回声定位装备的关键组成部分，又因其长得类似"瓜状物"，被称为"脂肪瓜"。它就像一个透镜，可以把海豚发出的"咔哒"声汇聚成一束狭窄的声音，使得海豚能更好地分析回声反馈的信息，从而进一步准确地了解前方的猎物。

海豚有耳朵吗？

海豚有内耳，因其耳朵已经失去了轮廓，所以只有一个小孔。它们位于海豚眼睛的后面，有些声音可以直接传到它们耳朵里，但是大多数声音都是通过海豚的下颚振动到达耳朵的。

你知道吗？

　　鱼儿很难逃脱渔民捕鱼时撒的渔网，一方面是因为撒网的水域都比较浅，且渔网旁边的铅坠较重，能让其迅速沉入水底。另一方面是铅坠入水时有声音，这声音突然从鱼儿的四周响起，受到惊吓的鱼儿就会往渔网中间游，从而被困在了里面。

海豚是怎么睡觉的？

　　根据观察，虽然大部分海豚睡觉都是睁着眼睛的，但它们大脑的两半球会进行交替睡眠，即它们会轮流关闭左右脑进行休息。所以，海豚即使在睡眠中，也始终保持足够的活动能力和必要的姿态。

海豚会流泪吗？

　　海豚是不会流泪的。一般情况下，动物的眼泪主要是用于湿润眼睛，或冲洗固体颗粒。海豚不是鱼类，属于鲸类，是哺乳纲鲸目亚目海豚科动物的统称，且它的身体是完全在水里面的，也就谈不上湿润眼睛了。海豚没有眼睑，所以不存在泪腺，也就不会分泌眼泪。

海豚挑食吗?

据研究,海豚舌头的底部是有味蕾的。但迄今为止,我们对海豚的味觉知之甚少,而动物学家们仍在孜孜不倦地探索海豚的味觉。不过,从目前的研究来看,海豚好像确实更偏爱吃某些食物。

"诱饵球"是什么?

海豚有一些巧妙的捕猎方法。它们经常会组队驱赶鱼群,把庞大的鱼群分离成小群,俗称"诱饵球",然后进行捕猎。有时它们也会用尾部狠狠地拍打鱼群,使鱼晕过去,或把鱼围追堵截至浅滩。

海豚是观鸟者吗?

　　我们常常会观察到一种有趣的现象:海豚会把头探出水面四处张望。这就是我们所说的"浮窥"。这是它们在特别留意成群海鸟的动态,因为海鸟聚集处的水下通常会有很多鱼。

海豚有多友好?

　　海豚非常友好,通常都生活在可以被称作"海豚湾"的集群中。它们会通过互相触碰来表达友好,比如它们常常用鳍和吻部轻拍、轻抚或摩挲朋友的身体。

海豚可以闻到气味吗?

海豚没有嗅觉神经，所以它们无法闻到气味。但是，它们可以用味蕾来检测水中是否存在化学物质。

海豚的鳍有什么作用?

海豚的鳍上有额外的触觉感受器，因此它们的鳍比它们身体的其他部位更加敏感。海豚的游泳速度很快，很大程度上依靠鳍，它有时还会用鳍去感应海床沙子里是否隐藏着甲壳类动物。

海豚会照镜子吗?

海豚可以认出镜子里自己的影像，只有少数动物能做到这一点，比如人类、黑猩猩和喜鹊等。

海豚可以彼此"交谈"吗？

海豚可以彼此"交谈"，它们在互相"交谈"时会发出各种各样的声音：粗犷的叫声、尖锐的叫声、短促的叫声、口哨声、叹息声和呻吟声等。专家们甚至注意到，每一个海豚集群都有自己独特的交谈方式，就像是不同的"方言"。

人类能和海豚交流吗？

人类是唯一使用出声语言交流的动物。研究人员已经证实，虽然海豚不能说话，但经过训练的海豚可以理解人类的一些声音语言和手势语言。它们甚至能明白人类说话时通过改变词语的顺序所表达的意思。

海豚除了发声还可以如何交流？

海豚也会用肢体语言进行交流。一头海豚可能会通过翻身来"装死"，以表明自己对另一头海豚没有威胁。有时它们也会通过快速地左右摆头的方式，来表现出自己的攻击性。

海豚有属于自己的名字吗？

海豚经常会"大声喊出"代表着其他海豚身份的口哨声。每个海豚的口哨声就像人类的名字一样有区别性。它们用这种类似名字的声音来呼叫它们的朋友！

海豚为什么一直"微笑"呢？

海豚的嘴角始终保持上扬状态，看上去似乎是在微笑一般。这也让很多人对这种动物充满好感。海豚确实是一种十分迷人的动物，但其实它们的嘴角上扬，并不是在微笑，而是因为海豚嘴部独特的构造方式。

什么是集群？

　　不同种类的海豚会聚在不同的集群里。宽吻海豚的集群通常只由雌性海豚，或者雌性海豚和幼豚组成。暗色斑纹海豚和白吻斑纹海豚则更喜欢生活在由雄性海豚、雌性海豚和幼豚一起组成的集群中。

所有的海豚都群居吗？

　　大多数海豚是群居生活的，独自生活的海豚并不常见。不过，有时确实会看见单独的海豚出现在海岸附近。它们选择独自生活在人类附近的海域，这可能是因为它们跟自己的集群失散了，或者它们年纪太大了，跟不上集群的游动速度了。

海豚会照顾受伤的同伴吗?

有人曾看到过当海豚集群中有生病或受伤的伙伴时,健康的海豚会通过把生病或受伤的伙伴托举到水面让其呼吸这一方式来挽救伙伴的生命。

海豚会打架吗?

会。海豚看上去温顺可爱,但彼此之间也会发生冲突!雄性海豚会通过与竞争对手搏斗的方式来赢得配偶。搏斗时,它们通过用尾巴互相猛击进行战斗。

海豚善于伪装吗?

海豚有一种特殊的伪装,叫"反荫蔽",这可以使它们完全适应所处的水环境,即当海豚在水下深处游动时,它们深色的后背与海水的颜色极为相近,从水面往下看,很难发现它们的身影。而且,当我们从水下往上看时,海豚白白的肚皮与阳光闪耀的水表面融为一体,让它很难被发现。

海豚能游多快?

　　海豚通常以 11~12 千米每小时的速度四处巡游,但为了追逐猎物,它们也会加快速度。虎鲸则能在短时间内冲到 48 千米每小时的速度。

海豚可以游多远?

　　海豚对自己的活动区域忠诚度很高。生活在远离海岸区域的海豚活动范围是最大的,它们的食物分布也会更广,比如暗色斑纹海豚的活动范围超过 1500 平方千米。

海豚会迁移吗?

　　尽管随着季节的变化,海豚可能会转移到稍微温暖的水域去,但这并不是真正意义上的迁移。鲸是海豚的亲戚,它们经常长途旅行。

海豚可以生活在河里吗？

不是所有海豚都生活在海里，有少数几种海豚可以生活在河里。南美洲的亚马孙河里就生活着两种淡水海豚——土库海豚和阿拉圭纳河豚。实际上，现在许多淡水海豚都濒临灭绝，如白鳍豚就因为环境污染而灭绝了。

喷气孔是用来做什么的？

在生物学中，喷气孔是指鲸目动物头上的洞，其用途是呼吸。海豚和人类一样，都是用肺来呼吸的。当它们浮上海面呼吸时，会通过头顶上的喷气孔排出废气，而当它们在水下时，一个瓣膜会盖住喷气孔，这样水就不能进入里面了。海豚及其他齿鲸都只有一个喷气孔。蓝鲸的喷气孔给人的印象尤为深刻，它通过喷气孔喷出的水柱高度可达 12 米。

海豚可以潜水多久？

这取决于海豚的种类和年龄，年龄较大的海豚通常拥有较大的肺，其潜水时间也就越久。海豚的最长潜水时间约为 15 分钟。在潜水时，海豚会降低自己的心跳速度，这样可以减少身体的耗氧量。

海豚每次可以产几头幼豚？

大多数海豚妈妈每次只能产一头幼豚，产双胞胎是非常罕见的现象。海豚妈妈生产时，幼豚的尾部会先出来，而且幼豚出生后，很快就可以游泳了。它的妈妈会把它推出水面，让它进行第一次呼吸。

海豚有育儿保姆吗？

海豚是群居动物，海豚集群里的任何一头成年海豚都可以照顾或训练幼豚。当幼豚的妈妈们去捕食时，海豚"阿姨"会照看族群内的幼豚。当幼豚被呼唤却没有出现，或有其他不合规矩的行为时，海豚"阿姨"就会用尾部拍打它们，以示惩罚。

幼豚会和妈妈在一起生活多久？

幼豚和妈妈至少要共同生活 2~3 年，有时甚至长达 6 年。

海豚濒危了吗？

近些年随着科技的发展，人类的一些活动已经严重影响到了海豚的生活，如随着捕鱼业的发展，海豚常常会被困在大型渔网里；大量海洋垃圾使它们的生存受到威胁等。环境污染不但破坏了它们的栖息地，也对它们捕食的鱼类造成了难以估量的伤害。

超级鲨鱼

大白鲨身体有多长？

大白鲨成年后身体长度能长到 6.1 米。雌性大白鲨的身长比雄性大白鲨平均长 1 米。

你知道吗？

大白鲨的咬合力很强，是非洲狮的 3 倍。

为什么你不应该去翻转鲨鱼？

如果一头鲨鱼背部朝下腹部朝上，它会进入长达 15 分钟的瘫痪状态，这个状态又被叫作"强直静止"。

为什么鲨鱼要一直游个不停？

鲨鱼没有鱼鳔可以控制浮潜，而且有些种类的鲨鱼如果停止游泳就会下沉被淹死。此外，它们的鱼鳃没有抽水功能，必须让水不断地从其鳃间流过，才可以把海水中的氧气带入鳃中，否则它们就会窒息。

哪种鲨鱼最常见？

全世界的鲨鱼种类超过 500 种，外形、大小各不相同。其中角鲨是最常见的。

鲨鱼会睡觉吗？

鲨鱼永远不会像人类一样沉睡。它们需要不停地游动，让水不断地流过鳃，才会获得氧气。不过，它们也有"休息时间"，跟海豚一样，它们也是左右脑轮流休息。

鲨鱼生活在哪里？

世界上所有的海洋里几乎都有鲨鱼的身影：从寒冷的极地到温暖的热带海洋，从浅海到深海。它们活跃在海洋的各个地方。

鲨鱼可以住在河里吗？

可以。公牛真鲨可以在河流和湖泊中生活，因此，它们比生活在海里的鲨鱼更容易被人偶遇，也更危险。公牛真鲨分布很广，在亚马孙河、赞比西河和恒河里都发现过它的踪迹。

鲨鱼有多少颗牙齿？

鲨鱼的牙齿每隔 2 周就要更换一次，所以它们的牙齿总是处于最健康、最整齐的状态。牙齿在鲨鱼嘴里排成 5~6 排，只有最外一排起到捕食、进食的作用，其他几排牙齿常做备用。鲨鱼一生要换 3 万多颗牙齿！

所有鲨鱼的牙齿都一样吗？

为了适应各自的饮食习惯，不同鲨鱼的牙齿有着不同的形状：矛状的牙齿有利于捕捉滑溜溜的鱼和鱿鱼，而不太锋利的牙齿可以用来压碎贝壳。我们所熟知的大白鲨的牙齿是三角形的，用来撕碎猎物十分方便。

哪种鲨鱼的下颌张得最大?

大白鲨的下颌张得最大。而且大白鲨的咬合力大约是人类咬合力的 15 倍。

真的有"雪茄"鲨鱼吗?

是的,那就是雪茄鲛,又叫"雪茄达摩鲨",是一种深海小型鲨。它们的捕食方式十分独特,会攻击大型动物,比如在海豚和鲸的身上咬下圆形的肉块。它们咬过的那些伤口愈合后,会在那些动物身上留下直径约 5 厘米的圆形伤疤。

鲨鱼怎么呼吸？

和所有的鱼类一样，鲨鱼是用鳃呼吸的，也是从水中吸收氧气。当鲨鱼游泳时，它们会大口大口地吞下海水，并通过头两侧的鳃裂将海水挤出去。这样海水中的氧气就留在鳃内，进入了鲨鱼的血液。

你知道吗？

鲨鱼什么都吃，它们甚至连自己身体上因受到攻击而掉下来的肉也吃。

鲨鱼可以游多快？

为了捕捉猎物，鲨鱼能够瞬间加速到 70 千米每小时，游得超快！

鲨鱼每天要吃多少食物？

为了生存，鲨鱼每天需要吃掉占体重 3% 左右重量的食物。

你知道吗？

美国海军在 1976 年首次发现了巨口鲨，从那之后它只出现过 60 余次，人们对它的习性知之甚少。

鲨鱼有味蕾吗？

有。鲨鱼口中有许多小的味觉细胞，它们对食物的味道非常敏感，鲨鱼通过味觉来判断被捕获的食物是否可口。有些鲨鱼还有"鱼须"，鱼须末端有味蕾，可以品尝和"触摸"猎物。

柠檬鲨是胎生吗？

鲨鱼有卵生的，也有胎生的，还有卵胎生的。柠檬鲨就是胎生的，柠檬鲨的子宫最多可容纳 17 只幼鲨。幼鲨在母亲体内发育成长，通过脐带获得氧气和营养。

鲨鱼妈妈会照顾它们的宝宝吗？

大多数鲨鱼妈妈不会照顾幼鲨，从幼鲨出生那刻起它们就会分开，但它们会给自己的孩子提供一个好的生活开端。它们会把幼崽产在浅水的沿海水域，在那里，幼鲨会度过一个相对安全的童年。

幼鲨如何发育？

大多数鲨鱼都是在母鲨体内的卵内发育，而不是通过脐带或胎盘与母鲨相连的。当发育完全时，幼鲨就会"破卵而出"。有时，新生的幼鲨仍然会附着在可以为它们提供食物的卵黄囊上。

为什么说沙虎鲨是最小的杀手？

一只雌性沙虎鲨在怀孕期间体内通常有好几个孩子，但最终它只会产下一个孩子。这是因为在母鲨的子宫里，它们就会互相残杀，最强壮的幼鲨会吃掉其他的兄弟姐妹，直到自己成为唯一剩下的那个。

鲨鱼撕咬猎物时会闭上眼睛吗？

有些鲨鱼有第三眼睑（又被称为"瞬膜"），因此当它们撕咬猎物时，第三眼睑会闭合用来保护眼睛。而其他鲨鱼只能在撕咬猎物的瞬间简单地把眼球往上翻。

你知道吗？

人们曾在鲨鱼肚子里发现了很多不属于海洋的物品，包括马头、豪猪、自行车零件、绵羊、鸡笼，甚至还有一套包裹着法国士兵遗体的盔甲！

在黑暗的环境下鲨鱼能看见吗？

与其他鱼类不同的是，鲨鱼不仅可以通过扩大瞳孔来控制光线进入眼睛的多少，而且还可以在昏暗的环境中充分利用光线。这要归功于它们眼睛后面像镜子一样的透明结构（类似猫的眼睛构造）。这也使得鲨鱼即使在昏暗的水域中也能保持很好的视力。

为什么有些鲨鱼的眼睛看不见？

有些格陵兰睡鲨的眼睛无法视物，这是因为有一种寄生的桡足动物附着在它们的眼睛上，这种桡足动物会啃食睡鲨的角膜，造成它们失明或局部失明。不过，桡足动物会发出亮光为格陵兰睡鲨吸引猎物，所以即使格陵兰睡鲨看不见也不影响它们捕猎！

鲨鱼的鼻子有什么特别的地方吗？

鲨鱼鼻子的皮肤小孔上布满了对电流非常敏感的神经细胞。海水的温度变化会使鲨鱼鼻子里的胶体产生电流，刺激神经，使它感知到温度的差异。

鲨鱼只能看见黑色和白色吗？

并不是所有鲨鱼的眼睛构造都是一样的，但大多数鲨鱼看到的世界确实只有黑色和白色。

你知道吗？

点斑纹竹鲨、鳐鱼或其他卵生鲨鱼的卵鞘被称为"美人鱼的钱包"。这是因为它们的卵鞘在水中会变硬，以保护正在生长的鲨鱼胚胎6~12个月。之后，幼鲨便会从卵壳中破鞘而出。

鲨鱼摸起来是什么感觉？

鲨鱼的皮肤上覆盖着锋利的齿状鳞片，叫作"盾鳞"，摸起来感觉像砂纸。这些盾鳞可以减少鲨鱼游泳时的阻力。

大多数鲨鱼都很危险吗？

尽管世界上已知的鲨鱼种类有 500 多种，但实际上只有十几种对人类有攻击性。鲨鱼对人类的大多数攻击，都是由于它们把人类误以为是其他动物所发生的意外事件。

鲨鱼为什么不长硬骨头？

鲨鱼是经过千百万年的进化，逐渐从硬骨鱼中分离出来的。它们的骨架是软骨而不是硬骨。鲨鱼的软骨跟保持我们耳朵和鼻子形状的软骨是相同的，因软骨比硬骨更轻、更灵活，这使得鲨鱼能够快速流畅地游动。

你知道吗？

大多数鱼都是用充满气的鱼鳔来获得浮力（使自己能够保持漂浮），而鲨鱼没有鱼鳔，只能不停地游动才能保证身体不沉入水底。

鲨鱼的听觉有多好？

鲨鱼在接收低频声音这方面能力十分出色，而且也很容易对不规则的声音做出反应，这些不规则的声音大多是由受伤的动物在水中翻滚时发出的。声音往往是指引鲨鱼进行捕食的第一个信号，所以鲨鱼的听觉十分出色。

鲨鱼的嗅觉有多好？

鲨鱼会利用嗅觉来寻找配偶和指引方向，但嗅觉对它们来说最重要的作用是追踪猎物。鲨鱼对某些特定的气味更为敏感，比如血液。只要它们闻到血液的味道，就会完全忽略其他的气味，全力寻找猎物的方位。

鲨鱼如何闻气味？

当鲨鱼游泳的时候，海水会流经它的鼻孔，也就是吻部末端的两个皮瓣，然后流入后面的鼻囊。这些鼻囊拥有感觉细胞，可以探测气味并向鲨鱼的大脑发送信息。

鲨鱼对血的气味有多敏感？

鲨鱼不能像我们人类一样区分不同的气味，但它们会对某些特定的气味非常敏感。根据具体种类不同，它们有的能闻出百万滴水中的一滴血，有的能闻出不超过 0.4 千米距离内的水中所含的少量血液。

鲨鱼的侧线是什么？

鲨鱼的头部侧线和身体两侧的侧线都是由一些小窝底部的感觉器官所组成。当鲨鱼游动时，水会冲击这些侧线上的感觉器官，它们就会向鲨鱼的大脑发送有关水中压力变化和动作的信号。

侧线有什么用？

侧线可以让鲨鱼对周围环境建立起清晰的"图像"认知，并迅速察觉水流的变化，使鲨鱼能在很远就捕捉到其他鱼翻滚时所产生的水流震动，更快速地锁定猎物。

鲨鱼有第六感吗?

鲨鱼的鼻子周围有一个小孔,被称为"壶腹孔"。这个小孔能感应到周围的电信号。其他动物运动时的肌肉会产生电流,所以这个感应可以帮助鲨鱼更精确地瞄准猎物。

你知道吗?

为了让鲨鱼繁衍后代,德国一家水族馆居然会为鲨鱼放情歌!

鲨鱼是唯一能感知电信号的动物吗?

不是。鲨鱼的近亲鳐鱼也有感知电信号的能力,而且其他一些水生动物包括电鳗、部分海豚和鸭嘴兽也能做到。

背鳍有什么用？

在电影中，若有人身处大海，看见伸出水面的背鳍总是会预示着危险的鲨鱼正在靠近。但实际上，对于鲨鱼来说，背鳍更像是一个稳定装置，可以防止它们在水中翻滚，从而保持平衡。

为什么鲨鱼在水中不会往下沉？

水流过鲨鱼的胸鳍（在两侧）和腹鳍（在身下）会产生上升力，这种力类似空气流过飞机机翼所产生的那种向上的升力，它可以防止鲨鱼下沉。鲨鱼在游动的过程中，通过控制鳍倾斜角度来改变行进方向。

哪种鲨鱼的尾巴最长？

浅海长尾鲨的尾鳍是其头部和躯干总长度的 1.5 倍，长度可达 4.5 米。它们会用尾部拍打和击昏猎物，然后再把猎物翻过身吃掉。

你知道吗？

一头鲸鲨在进食时，每小时可以过滤 1000 多吨的水。

你知道吗？

有些鲨鱼能在浓度低至百亿分之一的情况下嗅出猎物的气味。

鲨鱼可以停留在海床上吗？

鲨鱼有两种呼吸方式：撞击换气和口腔抽吸，前者需要不停地游动，通过"撞击"使海水通过鳃裂排出；后者则不需要持续运动。因此，某些鲨鱼可以停留在海床上休息。

鲨鱼是怎么确定方向的？

鲨鱼的电感应能力就像一枚内置的指南针，可以帮助它们利用地球磁场确定方向。

大白鲨是怎么捕猎的？

　　大白鲨的捕猎方法可以帮助它在杀死海豹的同时又不伤害自己。首先，大白鲨看见猎物后，会从下方找一个角度向上冲，突然对猎物狠狠咬上一口。然后，它会在周围一直徘徊，时不时地趁机补上一口，静候猎物因不断失血而逐渐失去抵抗力。

鲨鱼为什么会攻击潜水者和冲浪者？

　　并非所有鲨鱼都会攻击人类。之所以有些鲨鱼会攻击人，一方面是因为鲨鱼很可能把人误认成了海豹，另一方面是因为从水下看上去潜水者或者冲浪者特别像一条大鱼，鲨鱼可能把他们当成了猎物。

人被鲨鱼杀死的可能性有多大?

　　每年发生的鲨鱼袭击人类的事件不足100起，死亡人数是5~15人。人被鲨鱼杀死的可能性非常小，且人被闪电杀死的可能性是被鲨鱼杀死的可能性的30倍。

鲨鱼能独自生孩子吗?

　　2001年，在美国内布拉斯加州一家动物园里，一条锤头鲨在没有雄性伴侣的情况下产下了一头幼鲨。为了在找不到雄性鲨鱼的情况下仍然保持物种的延续，雌性鲨鱼进化出了一种被称为"孤雌生殖"，即单性生殖的繁殖方式。

鲨鱼会成群结队地捕食吗？

短尾真鲨和镰状真鲨都是会参与群体合作捕食的鲨鱼物种，它们会驱赶鱼群使之形成一个被称为"诱饵球"的球形，然后再扑向那些紧紧挤在一块的鱼。灰色的铰口鲨也会参与群体合作，它们拍打尾部这个动作会在水下产生波浪，从而把猎物推向岸边。

"海洋之狼" 是谁？

虎鲸被人们称为"海洋之狼"。虎鲸属于海豚科，是海豚科体形最大的一类，它们的行动极其灵活，以群体形式捕猎，是海洋中完美的捕猎食手。虎鲸组成的家族也是动物界中最稳定的群体之一，其捕猎方式和凶猛程度有些像群狼。

什么是众鲨争食？

当一群鲨鱼发现并靠近大量的猎物时，水中的血液和鱼"扑腾扑腾"的动作会刺激鲨鱼，使得鲨鱼过度兴奋。这时，它们除了会扑向猎物外，可能还会扑向同类！

为什么姥鲨要张大嘴巴游泳？

姥鲨之所以在海里张大嘴巴游泳，是因为它是滤食动物。它的鳃上密密排列着黑色梳子样的软骨细条，这些细条被称为"鳃耙"，具备滤网功能，可以把食物留在上面。它长着大嘴是为了依靠游动使海水流经鳃片，获取食物。

巨口鲨是如何寻找食物的？

　　巨口鲨是生活在深海中的神秘鲨鱼。它们和姥鲨科的鲨鱼一样，以过滤浮游生物为捕食来源，它们的嘴部周围还有发光器，可以吸引浮游生物和小鱼。

鲸鲨要吃多少食物？

　　鲸鲨和巨口鲨都是通过过滤海水从而进食的鲨鱼。作为鲨鱼族群中的庞然大物，鲸鲨一天要吃 20 千克左右的鱼或浮游生物。

鲨鱼会迁徙吗？

有些鲨鱼会迁徙，如雌性蓝鲨会在北美东海岸觅食，然后穿过大西洋前往非洲海岸繁衍后代。它们大约每 3 年往返一次。

虎鲨的食物只有海洋生物吗？

虎鲨的食物包括从海龟到海豚几乎所有人们熟知的海洋生物。但新的发现表明，除了海洋生物，虎鲨不仅捕食海鸥、鹈鹕等海鸟，还会吃燕子、啄木鸟、鸽子等陆地鸟类。在夏威夷海岸的某个地方，成年的虎鲨还会四处捕食正在学习飞翔的信天翁。

谁是最老的鲨鱼？

生活在北极圈附近冰冷水域的格陵兰睡鲨可以活数百年。2016年哥本哈根团队在格陵兰岛附近发现格陵兰睡鲨，其中一条鲨鱼被确认已经有 400 多岁了。

你知道吗？

据观察，被圈养的柠檬鲨一生能长出大约 2 万多颗牙齿。你想想，如果它们要刷牙，那可得费好大的劲儿呢！

双髻鲨为什么看起来这么奇怪？

双髻鲨以其宽大的、锤形的头部形状而得名，它的眼睛位于头部的顶端，当它左右摆头的时候可以拥有全视角。白天，它们经常聚在一起休息，最大的集群数量可达 100 头。

谁能吃掉鲨鱼？

鲨鱼是顶级捕食者，这也就意味着它们少有天敌。但是，鲨鱼仍然有被其他更大的鲨鱼或者虎鲸吃掉的危险！

毯鲨住在地板上吗？

毯鲨，身体扁平，面部长有穗状结构，因其外形酷似地毯而得名。它的身上长有斑驳的斑点，同时长有错综复杂的皮瓣，远远看上去非常具有迷惑性。穗纹鲨是最奇怪的毯鲨之一。它的触须像海藻一样在水流中摆动，看上去就像游动的小鱼，穗纹鲨也是以此来吸引猎物的。

锯鲨长什么样？

锯鲨非常罕见。它们的身体又宽又平，最显著的特征是它们有一个又长又窄、布满尖牙的吻部，像一个"锯子"一样。锯鲨用这种"锯子"来攻击猎物或寻找海底的贝类。

大白鲨是如何捕捉猎物的？

大白鲨捕猎时，会悄悄从猎物的身下靠近，然后快速向上游动，用它那锋利的牙齿，一口咬住毫无防备的猎物。

鲸鲨身上为什么总有鱼附着？

鲸鲨猎到食物时，除了会自己食用，它们还会分享给附着在自己身上的"免费旅行者"。印鱼就是一种用头上的吸盘把自己固定在鲸鲨身上的小鱼，跟着它到处旅游。它们不仅食用从鲸鲨口中掉下来的食物残渣，还能避免受到其他动物的攻击。

恐龙时代有鲨鱼吗？

早在恐龙时代之前，鲨鱼就已经存在了。鲨鱼的祖先在约 4.5 亿年前就已经徜徉在全世界的海洋中了，这比最早出现的恐龙还要早约 2.2 亿年呢！

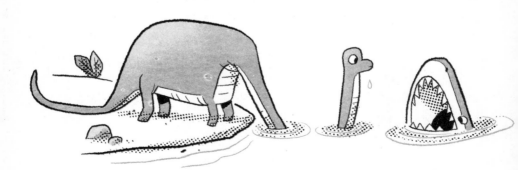

古里古怪的家伙

当章鱼失去一条腕足时会发生什么？

章鱼的再生能力非常强。当它失去一条腕足后，还可以重新长出一条新的腕足！而且章鱼的腕足在被切断后，仍会继续蠕动一段时间。

龙虾害怕章鱼吗？

龙虾害怕章鱼。龙虾的视线中一旦出现章鱼的踪迹，要么会像冻僵了一样待在原地，要么扭头就跑。

你知道吗？

雌章鱼在产卵后，体内会产生化学变化，导致它行为错乱，可能会吃掉自己的腕足，甚至吃掉自己的身体。

章鱼幼崽有多大？

一只刚刚出生的小章鱼大约只有跳蚤那么大，但它会以每天约 1% 的速度生长。

你知道吗？

有些种类的章鱼体内含有毒素，无论哪种生物吃下它们，都会立刻被毒死。

章鱼的心脏不止一个？

章鱼有 3 颗心脏！其中 2 颗叫作"鳃心脏"，1 颗叫作"体心脏"。它们的作用是不同的：鳃心脏有两个作用，一个是供血，另一个是将身体产生的废物过滤；体心脏主要作用只有一个，就是为全身供血，它是章鱼身体最核心的部分。

章鱼能改变外形吗？

拟态章鱼可以根据环境改变自己的形状和颜色，以此来吓跑捕食者。甚至，它还可以模拟至少 15 种海洋动物，其中包括海蛇、比目鱼等。

你知道吗？

章鱼在抓住水母进食时，会将水母那蜇人的触须移除，并将其再次利用，使之成为自己的武器。

哪种海洋生物的眼睛最大？

如果按照身体比例来衡量，吸血鱿鱼的眼睛是所有海洋生物中最大的。如果它的个头有人那么大的话，那它的眼睛差不多有乒乓球拍那么大！

赤魟（hóng）的尾刺有毒吗？

有毒。古希腊的牙医还曾将赤魟尾刺中的毒液当作麻醉剂使用。

赤魟的尾刺是如何发挥作用的？

赤魟活体常挥动尾部进行攻击。由于它的尾刺有毒，且两侧倒生锯齿，刺入生物体中再拔出时，尾刺两侧的锯齿往往使生物深受重伤。

鱿鱼能长多大？

世界上最大的鱿鱼是大王酸浆鱿，这种鱿鱼一般可以长到5~15米左右，最长能够达到 20 米，不同种类的体重也不同，一般来说重量在 50 千克至 400 千克不等。它们的身体是如此巨大，以至于用它们制鱿鱼圈的话可能会有汽车或卡车轮胎那么大！

你知道吗？

一些深海鱿鱼会喷出发光的墨汁，而不是黑色墨汁，这主要是用来分散黑暗的海洋深处捕食者的注意力。

海龟住在哪里?

除了南极洲之外,海龟的身影几乎遍布所有大洲。

你知道吗?

鳄龟的下颚非常有力,可以咬掉人类的手指。

为什么棱皮龟的喉咙里都是刺?

棱皮龟喉咙里的刺是角刺。角刺布满它的口腔和喉咙,作用是帮助它进食。棱皮龟没有牙齿,角质喙也不发达,这些角刺除了能辅助它进食,还能防止棱皮龟喜欢吃的水母从它们嘴里滑出来。

海龟能潜水多久？

不同种类的海龟潜水时间不同，一般是 2~5 个小时。绿海龟可以在水下待上约 5 个小时。之所以可以在水下待如此长时间，是因为它们通过减慢心率来帮助身体保存氧气，心跳之间的时间间隔甚至可达 9 分钟。

为什么海龟要避开僧帽水母？

海龟啃食僧帽水母时，僧帽水母会释放出一种可以吸引鲨鱼的气味。这是它们报复捕食者的方式！

你知道吗？

手枪虾之所以得名，是因为它可以用钳子发出响亮的"砰砰"声，这个声音可以震慑住对它虎视眈眈的捕食者，甚至震晕它的猎物，以方便它捕食。

世界上有只有一只眼睛的动物吗？

目前已知的唯一一种只有一只眼睛的动物是桡足类动物。桡足类动物是一种微小的甲壳类动物，它们经常一群一群地出现。

椰子蟹的外号"强盗蟹"是怎么来的？

一方面它的体形硕大，尤其善于攀爬笔直的椰子树，又因其可以用强壮的双螯剥开坚硬的椰子壳，以吃其中的椰子果肉而得名。另一方面是它喜欢在夜间出没，害怕强光，几乎任何有机物都吃，不论是植物的果实叶子，还是腐败的动物尸体，甚至小于自己的同类都是它的食物，所以有"强盗蟹"的绰号。

哪里能找到巨型螃蟹？

巴伦支海盛产巨型堪察加蟹。这些螃蟹是 20 世纪 60 年代从其他地区引入到此处的，之后在这里大量繁衍，还为俄罗斯渔民增加了经济收入。这种巨型甲壳类动物是一种非常凶猛的掠食者，光两只钳子之间的距离就可以超过 1 米。

现在还有史前螃蟹存在吗？

马蹄蟹又被称为"活化石"。它们的祖先可以追溯到寒武纪时期。从侏罗纪时代晚期的化石来看，马蹄蟹的外貌从那时起就几乎没有什么变化了。

谁是世界上最大的螃蟹？

目前已知的最大的螃蟹是巨螯蟹。它们的身体长度平均约为3米，但它们的腿像踩了高跷一样，一步的跨度可达4米。

世上最重的龙虾有多重？

北大西洋龙虾，俗称波士顿龙虾。1977年有人在加拿大诺瓦蒂亚海湾捕获了一只波士顿大龙虾。它的身长106厘米，体重将近20千克。

哪种甲壳类动物游得最快？

虽然龙虾能以极快的速度跳开，从而逃离捕食者，但游得最快的甲壳类动物却并非龙虾，而是角眼沙蟹，又因其速度常常快到不容易被人察觉，也被称为"幽灵蟹"。其跑步速度可以高达每秒钟 1.8 米。

你知道吗？

大螯虾迁移的时候，会排成一列沿着海床行走，数量可达 60 只。它们可以不停歇地游上 50 千米。

有会爆炸的甲壳类动物吗？

有。手枪虾就是一类自带"武器"可以爆炸的生物，在全球范围内都有分布。它具有不对称的虾螯，其中那只大的虾螯可以作为捕猎的手枪，通过虾钳的猛烈闭合产生冲击波和气泡，从而发生爆炸，震懵甚至震死周围的小型生物。

你知道吗？

南极所有磷虾（虾状甲壳类动物）的总重量已经超过地球上所有人类的总重量了。

水母的触须能伸多长？

北极霞水母的触须可以伸到距离身体 40 多米的地方。

世界上最大的水母有多大？

世界上最大的水母是生活在大西洋的北极霞水母。它的身体有 2 米多长，最长的触角更是长达 40 米。

水母会游泳吗？

会，但是水母并不擅长游泳。它们常常要借助风、浪和水流来移动，也会采用喷射法进行游泳，即通过收缩外壳挤压内腔的方式，改变内腔体积，从而喷出腔内的水，再通过喷水推进的方式进行移动。

哪种水母最致命？

海洋中已知的水母就有 2000 多种，且大部分都有毒。但最致命的是澳大利亚箱形水母，它的触须最多可达 60 多条，每条的长度都有 3 米多，每条触须上都生有数千个储存毒液的刺细胞，即使贝壳或皮肤不经意剐蹭到它，都会刺激这些微小的毒刺，一旦攻击它，它就会将这些刺细胞毒液注入倒霉的受害者体内。

有多少人死于箱形水母的蜇伤？

在澳大利亚周边海域，死于箱形水母蜇伤的人比死于鲨鱼或鳄鱼袭击的人还要多。据统计，近 25 年时间里，有 60 多人死于它的蜇伤。幸运的是，悉尼大学的研究人员称，他们研究出了一种针对此毒的解药，若在受害者被蜇后的 15 分钟内使用，可遏制毒素蔓延。

水母身体的主要成分是什么？

水母的身体组成约 95% 都是水——这和黄瓜太相似了！但它拌在沙拉里可没黄瓜那么好吃。

你知道吗？

如果把北极霞水母的所有触须接在一起，其长度甚至可以环绕 15 个网球场。

水母群被称为什么？

水母群常被人们称为"花"或者"群"。

海鳝可以有多长？

据了解，有一种细长的巨型海鳝可以长到 4 米多长。

你知道吗？

海鳝有两副牙齿，它的牙齿长在两对颌上，一对颌在嘴里，另一对在咽喉部。当其嘴里的第一副牙齿咬住猎物的时候，在喉部的第二副牙齿会向上移动到海鳝的嘴里，把猎物锁得更紧。

你如何从海鳝口下逃脱？

如果你被一条海鳝咬住，唯一能逃脱的办法就是攻击它的头部，对它一击致命，如果它还活着的话是绝不会松口的。

电鳗有多令人震惊?

电鳗能放出最高可达 800 伏的电,这将使猎物因为被电昏而放弃抵抗。要知道,你家的供电也不过 220 伏而已!你可以用一条电鳗产生的电给 3 台冰箱供电了。

你知道吗?

七鳃鳗吃东西时,会用口器吸住猎物,然后从猎物身上吸出所有的液体,通过把猎物吸干的方式将其杀死。

鳗鱼的攀爬能力很强吗?

有些鳗鱼的攀爬能力特别强。玻璃鳗就是一种不到达目的地誓不罢休的生物,它们不仅可以爬上水坝或湿滑的墙壁,还可以绕过前行路上的障碍物。

海星有大脑吗？

海星没有大脑。一个被称为"神经丛"的极其复杂的神经系统，扮演着它大脑的角色，并控制着它的腕足。

$$(f+g)(x) = f(x) + g(x)$$
$$(f-g)(x) = f(x) - g(x)$$
$$(f \times g)(x) = f(x) g(x)$$
$$\left(\frac{f}{g}\right)(x) = \frac{f(x)}{g(x)} \cdots$$

海星如何进食？

有些海星可以通过把自己的胃从嘴里吐出来，然后裹住食物吞进去的方式进食。

你知道吗？

巨型海星指的是腕足展开后的跨度超过 60 厘米的海星。它们的颜色可能是棕色、绿色、红色或橙色等。

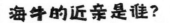

海牛的近亲是谁?

其实，与海牛血缘最近的亲属是大象和蹄兔。

你知道吗?

海象的拉丁文学名是"*Odobenus rosmarus*"，在拉丁语中的意思为"用牙齿走路的海中骏马"。

海象是如何在海里睡觉的?

海象的咽囊像是一个可以膨胀的"口袋"，里面可以容纳空气，当咽囊被空气填满后，它们在睡觉时就能漂浮在海面上。

海中有独角兽吗？

有人将独角鲸称为"海中独角兽"，但这其实并不正确，因为它并没有角。它的长角实际上是一颗延伸的牙齿！

哪种鱼像吸尘器？

有一些石斑鱼体形非常大，当它们张大嘴时，会产生巨大的吸力，能将猎物直接吸入它们那张开的、像无底洞一样的喉咙里，就像吸尘器那样。

你知道吗？

灰海豹的希腊文学名是"Halichoerus grypus"，在希腊语中意为"钩鼻海豚"。

世界上最大的珊瑚礁在哪里？

世界上最大的珊瑚礁是大堡礁，位于澳大利亚东海岸，世界上 5% 的鱼类都生活在这里。它是由一种叫作珊瑚虫的微小生物经过数千年时间累积而成的。

你知道吗？

鹦鹉鱼通过咀嚼硬珊瑚来获取营养，而那些不能被它消化的珊瑚会转化成白色的沙子被它排出体外。鹦鹉鱼每年都会在珊瑚礁周围留下成吨的沙子。

鹦鹉鱼有喙吗？

鹦鹉鱼的喙与鹦鹉的很像，但鹦鹉鱼不会说话！它会用它板齿状的喙刮下岩石和珊瑚上的藻类。

石头鱼是鱼吗？

石头鱼是一种把自己伪装成石头的鱼，经常静静地躺在海底。这种伪装能使它们完美地隐藏自己，无论是猎物还是捕食者都很难察觉。潜水员们潜水时也要留意自己的脚下哦，不要把它当成真正的石头了。

石头鱼危险吗？

石头鱼背部有一排针状的刺，可以释放致命的毒液。它的毒液可以让一个人在 2 小时内死亡，除非这个人能及时就医进行治疗。

哪种鱼用嘴打架？

后颌鱼有超大的嘴，它们干什么都用嘴，用嘴捕食、用嘴筑穴、用嘴打架，甚至雄性后颌鱼还会用嘴孵娃。

后颌鱼如何照顾它的卵？

后颌鱼是口育鱼。它们把卵放到自己口中照料，直到孵化为止。

你知道吗？

后颌鱼的嘴还可以用来挖洞。它会铲起满嘴的沙子运到别处，就这样慢慢地挖出一个家来。

哪种鱼可以自制"防冻剂"？

　　北极鳕鱼可以在北极附近的水域生存而不被冻成冰块，是因为它们可以在自己体内制造一种抗冻蛋白。这种抗冻蛋白可以防止血液形成冰晶，使血液一直保持液态。

剑鱼和旗鱼是用"剑"来刺杀猎物的吗？

　　剑鱼和旗鱼都有又长又尖的喙，看起来就像一把长剑。虽然猎物可能会被它们的尖喙抓住，但这样的话，它们的嘴将永远无法够着猎物。所以，它们在用牙齿咬住猎物之前，会先用"剑"来刺伤猎物。

海里有致命的蜗牛吗？

有！生活在印度洋、太平洋海域的锥形蜗牛（又叫"鸡心螺""芋螺"）是一种有毒的腹足类软体动物，它会用自己有毒的喙朝猎物注射毒液，而地纹芋螺是毒性最强的锥形蜗牛。锥形蜗牛的毒液会引起人类的呕吐、头晕，甚至还会导致瘫痪和死亡！

潜水员会被巨型蛤蜊困在水下吗？

通常来说并不会。许多冒险类电影中都有这样的情节：潜水员的一条腿被困在一个巨型蛤蜊闭合的壳中。你确实可以在某些巨型双壳软体动物的壳中间塞入一条腿，可实际上这些双壳软体动物们闭合壳的速度非常慢，所以大多数反应敏捷的潜水员是可以在腿被卡住之前将腿缩回的。

巨型蛤蜊长得快吗?

　　巨型蛤蜊长得一点儿也不快。根据耶鲁大学科学家针对北大西洋深海蛤蜊的研究显示:这种巨型蛤蜊需要花上100 年的时间才能长大约 8 毫米。

你知道吗?

　　马鲹(shēn)的腹侧有一对三角形的小牙齿贴片。这些牙齿与气囊结合在一起,会导致其咬牙时发出嘶哑的声音。

牡蛎的壳里都藏有珍珠吗？

不是的。真正天然的圆形珍珠是非常罕见的，因为它们是偶然产生的。商店里出售的大多数珍珠都是在专门的养殖场养殖出来的。

最大的天然珍珠有多大？

最大的天然珍珠是菲律宾巴拉望岛的一位渔民在捕捞巨蚌时意外发现的，它的形状很奇特，并不是我们平常见到的圆形珍珠，而是不规则的贝壳形状，有些像白色的光滑珊瑚。它的宽度有 67 厘米，重量更是惊人，约重 34 千克！

珍珠是怎么被制造出来的？

当珍珠贝的外套膜被异物（如沙粒、寄生虫等）侵入时，贝体在自保机制下，会形成以异物为核的珍珠囊。珍珠囊细胞分泌珍珠质并持续包裹异物，随着时间的推移，珍珠质加厚，最终就形成了以异物为核的坚硬宝石——珍珠。

海绵是动物还是植物？

海绵是一种附着在海底的原始低等动物。海绵有很多细胞，但没有任何器官。它们通过毛孔将水吸入体内，然后从中过滤出食物和氧气。

海绵的历史有多悠久？

海绵是地球上出现的第一种多细胞生物，在地球上至少已经存在了大约 5.7 亿年了。所以，它们的历史非常悠久。

海绵能通过身体的碎片再生吗？

是的。海绵的身体具有再生能力，它可以从残缺的状态，再生成完整的海绵。如果你把一个海绵从笊（zhào）篱中筛过，海绵被拆分的单个部位会漂走并长成新的完整的海绵。

海星能长出新的腕足吗?

是的，海星能在失去腕足的情况下，在原来的位置长出新的腕足。甚至有些海星还可以在断臂的基础上长出另一半身体，更有甚者，有些海星在被分成两半的状态下，可以再生成两个独立的个体。

海星能从一小块组织中再生出一个完整的海星来吗?

蛇海星科中有一种神奇的海星，只需1厘米的腕足就能再生出一个全新的身体。不过，完成这个过程可能需要花一年多的时间。

为什么有些海星会毁坏礁体?

棘冠海星，又名魔鬼海星，它主要以珊瑚为食，因此它还被称为"珊瑚杀手"。仅一只成年棘冠海星每年就能吃掉10平方米的珊瑚。每小时20米的移动速度、能忍耐9个月不进食的特殊本领、尖刺上有毒素等这些特征让这个物种非常不容易清除，从而导致它们生存的地方珊瑚礁被大量破坏。

幽暗的海底深处

我们对深海生物了解多少？

目前人类已探索过的海底只有海洋的5%。而科学家从深海带回来的生物中，近三分之二是我们完全不认识的物种。

你知道吗？

有些深水鱼，因为长期生活在高强度的水压下，离开深水区被捕上岸后，它们的鱼鳔可能会胀破并死亡。

哪些鱼能吞下比自己还大的猎物？

深海中鱼的物种多种多样，进食方式也各不相同，像黑叉齿鱼，它们的体长20~25厘米，但嘴巴极大而且能扩张到原本的几倍大，它们的腹部和肠胃，还可以像气球一样膨胀数倍，能跟随食物的增多而扩大。所以，它们能吞下比自己身体大很多的猎物。

有拥有透明牙齿的鱼吗？

大海总是神秘的，有一种生活在美国加利福尼亚沿海 500 米深处的鱼，它的外形令人毛骨悚然，长着巨颚和尖利牙齿，更可怕的是它的牙齿是透明的，且像人的牙齿一样排列。

蝰（kuí）鱼是如何捕捉猎物的？

蝰鱼捕捉猎物的方式，就是直接游向目标并用自己的长牙刺穿目标。

蝰鱼很可怕吗？

蝰鱼有着大嘴和长长的尖牙，它们的牙非常长，以至于无法安放在嘴里，且下牙向后一直弯曲都快碰到眼睛了，整副牙齿凌乱又尖利，这使得它们看上去非常可怕。

你知道吗？

有些生物能够在非常不适宜生存的地方繁衍生息。例如，在幽暗的海洋深处，庞贝虫成群地生活在温度极高的火山口上。它们为自己建造了带硬壳的"管子"，让自己可以住在里面。它们不仅能耐81℃的高温，而且能离开炎热的管子，游到温度为10℃的海水中觅食。

哪种鱼随身携带照明灯？

鮟鱇（ān kāng）鱼生活在海洋深处最黑暗的地方，它的头前悬挂着一个发光的斑点，看上去就像一盏小灯！这个小灯就像鮟鱇鱼的"鱼饵"一样，在黑暗的海底中散发着淡淡的光，极为显眼，从而吸引猎物靠近。

为什么说雄性鮟鱇鱼"吃软饭"？

一些雄性鮟鱇鱼会像寄生虫一样，生活在雌性鮟鱇鱼身上，甚至成为雌性鮟鱇鱼身体的一部分。雌性鮟鱇鱼捕获猎物后，会向它输送营养。一条雌性鮟鱇鱼一次可以携带多达6条雄性鮟鱇鱼。

你知道吗？

当受到攻击时，盲鳗会制造黏液，使周围的水变得像鼻涕一样黏糊糊的，这样捕食者就无法在它周围随意游动了。

盲鳗的黏液有什么作用？

盲鳗身上的黏液可以对盲鳗起到保护作用，保护它的身体不受寄生物、霉菌、细菌和其他微小生物的侵蚀，还可以减少其在游动过程中的阻力。而且当盲鳗离开水面后，只要身体表面的黏液不干，它就不会死。

哪种鱼的牙齿对嘴来说太大了？

尖牙鱼有着又长又尖的牙齿，是海洋深处外表最凶狠的鱼类之一。比起它们不太大的身体，尖牙鱼那些巨大的牙齿格外吓人，且会让它们的嘴巴一直处于合不拢的状态。

鱼在黑暗中能发光吗？

有些鱼生活在海洋深处，由于阳光照不到它们，它们只能在完全黑暗的环境中游来游去。这其中就有一部分鱼会通过一种叫作"生物发光"的化学反应使自己发光。

水滴鱼有多懒？

水滴鱼是一种长约 30 厘米的鱼，生活在澳大利亚附近的深海中。它不喜欢运动，总是待在原地等待食物飘到嘴边，几乎可以吃任何从它周围水面飘过的小东西。

水滴鱼能吃吗？

目前，科学家们对水滴鱼知之甚少，只知道这个物种正在遭受威胁。据科学研究，水滴鱼体内含有一定胶质物质，吃了后可能会损伤身体。

水滴鱼会漂起来吗？

水滴鱼身体呈凝胶状，密度与它身体内含有的水分相似，这使得水滴鱼可以在不消耗任何能量的情况下漂浮在海中。

海洋的最深处在哪里？

西太平洋的马里亚纳海沟是全世界海洋中最深的地方。目前已知它的最深处约为海平面下的 11 千米。如果你把珠穆朗玛峰放到马里亚纳海沟的位置，它的山峰距离海平面都还有一段距离呢。

有人去过马里亚纳海沟吗？

截至目前人类历史上只有 3 次成功下潜到那么深的地方的记录。第一次是 1960 年，唐纳德·沃尔什和雅克·皮卡尔乘坐美国海军的"的里雅斯特"号深海潜水艇到达那里。第二次是 2012 年，加拿大电影导演詹姆斯·卡梅隆乘坐"深海挑战者"号潜水器对其进行了探险。第三次是 2020 年，中国的"奋斗者"号载人潜艇成功下潜到马里亚纳海沟的 10909 米处。

到达马里亚纳海沟的底部容易吗？

马里亚纳海沟底部气压大约为海平面气压的 1100 倍，温度则刚刚高于冰点。人类到达底部需要面临着重重挑战，是一件非常困难的事情。但随着科技的发展，相信这会变成一件越来越简单的事。

马里亚纳海沟有活的海洋生物吗？

是的。这真是令人惊讶，那里依旧生活着活的海洋生物。潜水员和遥控的水下航行器在海沟中发现了鱼类和其他生物。

哪种海洋生物的夜视能力最好?

　　巨海萤是一种深海甲壳动物，它的身体有些像虾，却有半透明的球形甲壳包裹在外，如同一颗橙色的乒乓球。由于生活在幽暗的深海中，它们长了一对镜子般的大眼睛，这对镜子般的大眼睛使得巨海萤夜视能力很好，可以在海底的黑暗中找到食物。

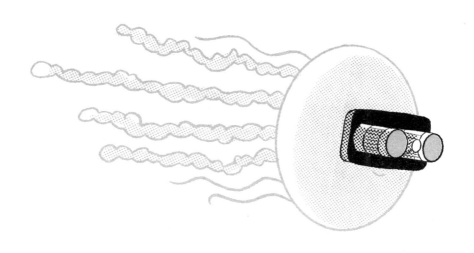

你知道吗?

　　鹈鹕鳗的名字来源于它那富有弹性的嘴——它的嘴和有些鹈鹕的喉咙类似，都十分富有弹性。当它的嘴张开时，甚至可宽达原本嘴长的 5 倍多。

在海洋的深处生活着"龙"吗？

在太平洋中有一种跟传说中的西方龙较相似的生物，被人们叫作"太平洋黑龙"。这种动物有像蛇一样的身体，超黑的皮肤和发光的诱饵，它的皮肤几乎能吸收所有照射到它们身上的光线。它的体内也是黑色的，如果它吞下发光的鱼，也不会有光从它的腹部透出！

吸血鬼鱿鱼真的会吸血吗？

吸血鬼鱿鱼又称为幽灵蛸，长相类似乌贼，有一双红宝石似的大眼睛。虽然它的名字听起来恐怖，但它其实不吸血，而是一种软体动物，主要借助伸缩自如的丝状触手来捕获沉落至海底的海洋生物残骸、粪便等作为食物。

这些跟鱼有关的事儿

哪种鱼是世界上最大的硬骨鱼？

翻车鱼是世界上最大的硬骨鱼。它的皮肤厚度可达到 7 厘米。成年的翻车鱼体形非常大，身长可达 3 米，体重可达 2 吨。

一条翻车鱼能产多少颗卵？

雌性翻车鱼的产卵量高于任何其他脊椎动物，它们一次可产卵 2500 万~3 亿颗！但这些鱼卵能活到成年的却只有 30 多条。

翻车鱼为什么又叫"太阳鱼"？

翻车鱼又被称为"太阳鱼"，这个名字的由来可能是因为它们常常喜欢在水面进行"日光浴"的缘故。它们这样做可能是为了吸引海鸥降落，让其啄食自己身上的寄生虫！

海马游得快吗？

　　并不快。海马是海洋中游得最慢的动物之一，其最快的游动速度是每秒钟 0.04 厘米。因此海马游完相当于人类手臂的长度可能需要花费将近半个小时。

雄性海马负责育儿吗？

　　是的。小海马需要在爸爸的育儿袋中生长 50~60 天，然后海马爸爸一次能产下 1000 多只小海马。但并不是所有的小海马都能成功活下来，自然界中自然生长的小海马成活率只有千分之五。

你知道吗？

　　海马的眼睛可以同时看两个方向，因为它们的两只眼睛可以各自单独移动。

有会走路的鱼吗?

有。红唇蝙蝠鱼以其"烈焰红唇"闻名,身体扁平,尾部粗短这还不足为奇,它更特别的地方是它有一个大头,四条"腿",由于游泳能力很差,这种奇特的鱼类更多的是用胸鳍在海底"行走"。它们生活在加拉帕戈斯群岛海域,以虾、小鱼、螃蟹和一些软体动物为主食。

你知道吗?

与其他鱼类不同,海马是直立着身体游泳的。而且它也没有鱼鳞。

红唇蝙蝠鱼是如何捕猎的?

成年的红唇蝙蝠鱼的背鳍会长成类似头角的刺状,从而引诱猎物靠近自己然后伺机吃掉猎物。但它最爱吃的食物其实是海藻。

鹦鹉鱼可以改变性别吗？

鹦鹉鱼在不同的发育阶段会改变自己的身体状态。通常，一个族群的鹦鹉鱼只有一条雄鱼，如果雄鱼不幸去世，雌鱼中最强壮的一条鱼就会变成雄性，从而承担起保护族群的责任。

为什么说鹦鹉鱼会穿睡衣睡觉？

鹦鹉鱼在睡觉前会分泌一种黏液，进而形成一层半透明的膜，将自己的身体包裹起来，这样既有助于掩盖自身气味，从而不被猎物发现，也有助于阻隔寄生虫钻进身体里。

躄（bì）鱼如何躲避捕食者？

躄鱼主要生活在大西洋和太平洋的热带及亚热带的珊瑚礁区。有的躄鱼可以通过改变身体的颜色来适应周围环境，有的会跟幽暗的海底融为一体，有的还可以跟周围明亮的珊瑚礁融为一体。

躄鱼会跳吗？

不会，但躄鱼有像腿一样的胸鳍。它们可以用这样的胸鳍在海床上缓慢爬行。

哪种躄鱼最奇怪？

毛躄鱼看上去像长毛的小型野兽，它以其他小鱼为食。还有一种迷幻躄鱼在2009年印度尼西亚海岸附近被发现，因其全身遍布迷幻般的粉色和白色条纹而得名。

哪种鱼毒性最强？

石头鱼是世界上毒性最强的鱼之一。这种善于伪装的生物很容易被误认为是岩石，但它的毒刺会造成极为疼痛的伤口，甚至可以穿透沙滩鞋。如果被这种鱼刺伤，它的毒液通常是致命的。

存在有毒的鲨鱼吗？

鲨鱼的下颌长满了锯齿状的牙齿，已经够吓人的了，但你可能想不到的是，竟然还有鲨鱼是有毒的！别看白斑角鲨的体形很小，身长只有 1.5 米左右，它们背鳍的前部带有尖利的毒刺。严重的角鲨刺伤甚至可以致命。

海葵是植物还是动物？

海葵属于刺胞动物。它们用可以分泌黏液的脚（叫作"基盘"）使自己依附在礁石或螺壳上，然后用自己那一圈触手过滤海水。它们的触手上藏着刺细胞，在它们将小鱼或螃蟹拖进嘴里当食物之前，这些刺细胞可以先将猎物麻痹。

为什么小丑鱼可以住进海葵里？

小丑鱼对海葵的毒素有免疫力，它们吃海葵留下的食物残渣，协助其清理身体，还可以充当海葵捕食的"诱饵"。

小丑鱼可以保护海葵吗？

是的。当其他鱼类想吃海葵时，小丑鱼会挺身而出，保护海葵免受捕食者的攻击。

河豚如何保护自己？

河豚受到威胁时会像气球一样膨胀起来。膨胀起来的河豚体形变大，对小型捕食者是一种威慑，对大型捕食者来说，也很难一口将其吞咽，尤其是许多河豚皮肤上还长满了刺。此外，它们也是有毒的！当无法通过体形吓走敌人时，它们便会利用体内的毒素保护自己。

河豚如何寻找猎物？

河豚靠眼睛来寻找食物。它们的两只眼睛可以分别转向不同的方向。

河豚可以吃吗？

在日本，河豚刺身可是一道美味。不过千万不要自己处理食材哦！只有专业的厨师才能处理干净河豚体内的毒素，进而做好这道菜。

哪种鱼是世界上最长的硬骨鱼？

桨鱼又叫皇带鱼，它们是真正的深海怪物。这些身形巨大的桨鱼是世界上最长的硬骨鱼。它们通常能长到 3~15 米左右。但有报道称，桨鱼的身长最长可达 17 米。

桨鱼会浮出水面吗？

活着的桨鱼很少浮出水面。桨鱼没有强壮的肌肉，它们无法适应波涛汹涌的水域和海面附近强劲的水流。

你在哪里能找到桨鱼？

桨鱼大部分时间都生活在深水水域。它们有时还会直立着游泳。

有既能在陆地也能在水中呼吸的鱼吗?

大多数鱼离开水都会很快死亡,但也有能离开水一段时间的鱼,如弹涂鱼,它甚至可以在陆地上爬行一段距离。

弹涂鱼如何呼吸?

弹涂鱼在水中通过鳃来呼吸,到陆地上则会在鳃腔中存储水。它也可以通过皮肤直接进行气体交换。

弹涂鱼生活在哪里?

弹涂鱼通常生活在沿海地区。退潮时,它们会在淤泥滩上走来走去或蹦来蹦去地寻找食物。

飞鱼真的会飞吗？

飞鱼不会飞。不过它有一个能够逃离海洋捕食者的巧妙技巧——空中滑翔！当飞鱼以最高速度游泳时，再用尾部用力拍水，它们就可以冲出水面，在空中滑翔，看起来仿佛在水面上飞翔。

飞鱼用翅膀滑翔吗？

飞鱼没有翅膀。飞鱼在空中滑翔靠的是坚挺而伸展的胸鳍。

飞鱼能滑翔多远？

在单次滑翔中，飞鱼的滑翔距离可达 400 多米。

还有活着的史前鱼类吗？

腔棘鱼最早出现于约 3.77 亿年前。很长一段时间以来，科学家认为腔棘鱼在数百万年前就灭绝了。但在 1938 年，人们居然捕获了一条活的腔棘鱼！后来，在悬赏征集下，人们又陆续捕获了几条。

你知道吗？

如果你在黑暗的房间里养金鱼，并养上足够长的时间，金鱼最终会变成白色。

雌性腔棘鱼怀孕的时间是多长？

雌性腔棘鱼怀孕时间至少 5 年。且四五十岁才是它们生理发育的成熟时期。

有鱼可以在泥里生存吗？

鳉（jiāng）鱼的胚胎可以在泥中存活 60 天以上。

你知道吗？

一只牡蛎一生中可以多次改变性别！

鱼能在牛奶中生存吗？

不可以。牛奶中不仅含有水分，还有脂肪和蛋白质等，这些成分会堵住鱼鳃，使其无法呼吸。

世界上有多少种不同的鱼？

到目前为止，人类已知的鱼大约有 3 万多种，而已知的哺乳动物只有 5000 多种。

你知道吗？

菲律宾有一种虾虎鱼，其完全长大后身长也短于 1 厘米，也就是说比你的小指甲盖还要小!

鱼类大多生活在哪里？

地球上只有 2.5% 左右的水是淡水，但却有高达 40% 的鱼类栖息在淡水中。

海洋中毒性最强的生物是什么？

世界上毒性最强的天然毒物来自一种刺胞动物——海葵。生长在百慕大的沙岩海葵，其毒性极大，体内的毒素被称为世界上最厉害的生物毒素，毒性比河豚毒素要强几十倍。人类目前尚未发现此毒素的解药。

你知道吗？

当梭鱼吃饱以后，它会把剩下没吃的鱼赶到浅水区。然后，它会保护好这些猎物，等到饥饿时再饱餐一顿。

为什么黄嘴喙鲈家族从不诞生雄性宝宝？

所有的黄嘴喙鲈出生时都是雌性，等到它们完全成熟后，就可以改变性别，变成雄性。但是，只有一小部分能够活到可以改变性别的年龄。

金枪鱼休息过吗?

　　金枪鱼一生都在不停歇地游啊游，即使是睡觉，也不会停下来，只会降慢速度。

你知道吗?

有些鱼居然会晕船!

金枪鱼为什么会一直游泳?

　　金枪鱼的呼吸方式是强制通水，这种呼吸方式使得金枪鱼必须一直张着嘴，通过鱼鳃让自己呼吸到充足的氧气，这也导致金枪鱼的鱼鳃出现了钙化的现象，无法如其他的鱼一样抽动，所以它必须要不停地游泳，才能让自己获得充足的氧气。

鳕鱼可以产多少卵？

一条127厘米长的雌性鳕鱼一次可以产下多达900万枚卵，但并不是所有卵都能成功长大。

哪种鱼的舌头上有牙齿？

巨骨舌鱼是生活在淡水中的鱼，它们的嘴较大，舌头上有坚固且发达的牙齿。

为什么鲶鱼的嗅觉十分发达？

鲶鱼全身的皮肤都分布着味蕾。一条15厘米的鲶鱼，身上大约有25万个味蕾。

鱼能在盐水中生存吗？

淡水鱼在高浓度的盐水中无法生存，在低浓度的盐水中可以存活 2~3 小时。而海水鱼则可以生活在适当浓度的盐水中。

迄今发现的最长寿的动物是哪种？

2006 年研究人员在冰岛海底发现了一只圆蛤，经过鉴定得出，其年龄已经有 507 岁了，是迄今为止发现的最长寿的动物。它出生时，是中国的明朝弘治年间，因此科学家对其取名"明"。

哪种鱼可以在健康水疗中心找到工作?

一些健康水疗中心会用淡红墨头鱼或星子鱼来治疗顾客的一些皮肤问题。人们坐在装满鱼的浅水池里,然后等待鱼儿将他们的死皮啄掉!

什么鱼性格比较暴躁?

欧洲巨鲶的性格十分暴躁,时常会为了保护巢穴、繁衍幼崽而攻击游泳者。

你知道吗?

豹鲂(fáng)鮄(fú)是一种古老的鱼,不仅长了"翅膀"还长了"腿"。它可以在水中游泳,在海地行走,甚至在水面滑翔。

为什么你不能吃拟刺尾鲷（diāo）呢？

虽然拟刺尾鲷外表很美丽，但人类或其他鱼类却不能吃它，因为大部分拟刺尾鲷的肉是有毒的，且毒性极强。

蛤蜊能长多大？

目前已知最大的巨蛤，身长可达1.2米左右，体重超过227千克。

哪种鱼可以在陆地上行走？

当水源干涸时，亚洲攀鲈会在陆地上"行走"，去寻找新的水源。它在胸鳍的支撑下，沿着地面甩动尾巴，推动自己前行。

旗鱼的速度有多快？

据统计，旗鱼冲刺时的速度最快每小时能游 190 千米，比猎豹的最高时速还要快。

旗鱼有两个背鳍，其中第一背鳍几乎占据了它背部的大部分位置，当它兴奋时，背鳍可以像帆一样升起来。

哪种海洋生物有上百只眼睛？

扇贝的外壳边缘大约有 200 只眼睛。这非常有利于它及时发现靠近自己的捕食者。

哪种鱼离开水还能活上好几年？

肺鱼离开水还可以存活长达 4 年之久！

有一种海蛞（kuò）蝓（yú）有着很强的再生能力，即便头部断了，也可以从残存的头部再次长出新的身体。

如果你和左口鱼下棋会发生什么？

如果你在棋盘上放一条左口鱼（一种扁平的鱼，又称比目鱼），只需要 4 分钟，它就会改变它皮肤的纹路来匹配棋盘上的方块。这是因为左口鱼会随着周围环境改变身体颜色。

鱼可以咀嚼吗?

不可以。由于嘴部和下颌的结构,鱼实际上并不能咀嚼,它们会将大多数食物整个吞下。

你知道吗?

地球上大部分的火山爆发都是发生在人们看不见的海底,并且大部分都集中在环太平洋火山带。

所有鱼的血液都是红色的吗?

南极洲的白血鱼血液里血红蛋白含量只有普通鱼类的二十五分之一,这使得它们的血液呈现白色,而非红色。

世界上有夜光金鱼吗?

目前世界上并没有发现天然的夜光金鱼。在中国福建地区的一家研究所中,专家们经过整整 3 年的努力,才成功研发出了第一条基因稳定的透明金鱼,又在此基础上研制出来一种绿色荧光金鱼,使其在晚上也可以发出淡淡的绿光,这很可能是世界上第一条"夜光"金鱼。

你知道吗?

千万不要靠长吻银鲛太近,因为仅仅是碰一下它的刺,就可能会导致死亡。

为什么说鲱鱼像士兵？

鲱鱼喜欢集体活动，且会像士兵一样排列队形。

哪种鱼喜欢 "吐口水"？

射水鱼喜欢潜伏在水面附近，然后目标明确地吐出"口水"，击落经过的飞虫，然后吃掉它们。

蓑鲉（suō yóu）危险吗？

蓑鲉又叫狮子鱼，看起来很漂亮，有着橙色条纹图案和长长的、像羽毛一样的、几乎遍布全身的鱼鳍。但你看见它了千万要小心！蓑鲉身上的鳍和刺是用来保护自己的，并且含有剧毒。

如果鱼没有伴侣还可以产下幼鱼吗？

有些鱼能够在没有伴侣的情况下产下幼鱼。这种幼鱼在一定程度上，其实是鱼妈妈的克隆体。

哪种鱼可以通过触摸来品尝味道？

鲶鱼的胡须上也有味蕾，这也就是说，它们只要用胡须轻轻拂过食物，就能尝到食物的味道。

什么鱼会"呱呱"叫？

多须石首鱼是一种在墨西哥湾发现的鱼，它们能用自己的大鱼鳔发出"呱呱"声或"咕咕"声。